SUPER KNOWLEDGE

★ SUPER KNOWLEDGE ★

超级涨知识

香港城市大学 研究员　　　　　　　韩明 编著
李骁 主审　　小猛犸童书　　马占奎 绘

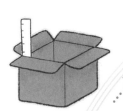

绕不开的
计量单位

3

体积（地球有多大?）

电子工业出版社

Publishing House of Electronics Industry

北京·BEIJING

目录

寓言中的启示

　　《乌鸦喝水》的寓言故事相信大家都听过，口渴的乌鸦在几次喝水失败后，开启了另一种"聪明"的取水方式：它先往瓶子里丢了一颗石子，观察到在石子沉入瓶底后，里面的水位比原来升高了一些，于是叼来了更多石子丢进瓶子里，随着石子数量增多，水面也一点一点地向上升。当水升到瓶口的位置时，它终于可以喝到水了。

乌鸦喝水的数学原理是——
把石头放进水里，使水的体积变大。

这则寓言给了你什么启发呢？你有没有想过，水面、石子的多少和体积有什么关系呢？为什么把石子扔进瓶子里后，水面就会上升呢？

这叫"排液法"，石子扔进瓶子后，它占据了原来水的空间。此时的水受到排挤就会上升，随着石子数量不断增加，水面也会不断上升，直至升到瓶口处，乌鸦也就可以顺利地喝到水了。

用"排液法"来量一量马铃薯和番茄的体积大小吧。

我们在测量不规则物体的体积时，可以使用这种方法，对吧！

体积是什么

既然石子和水都会占据空间，那么其他的物体会不会占据空间呢？

当然会！

体积： 几何学专业术语。当物体占据的空间是三维空间时，所占空间的大小叫作该物体的体积。我们在日常生活中，一定会用到体积的计量单位：立方米（m³），它是国际体积单位。

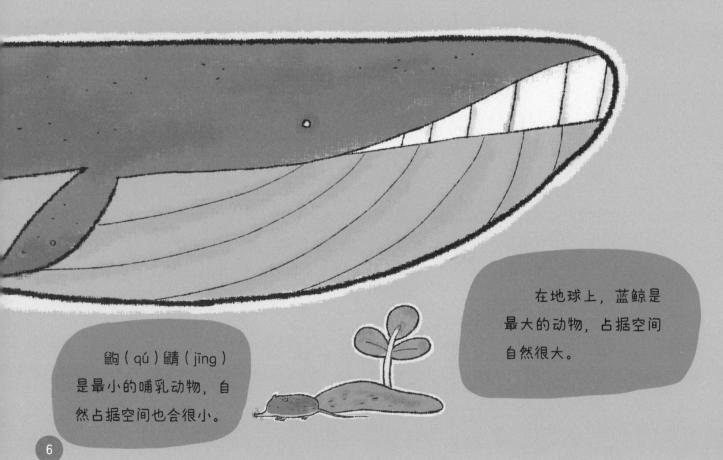

鼩（qú）鼱（jīng）是最小的哺乳动物，自然占据空间也会很小。

在地球上，蓝鲸是最大的动物，占据空间自然很大。

常用的体积计量单位还有立方分米（dm³）和立方厘米（cm³）。

棱长是 1 厘米的正六面体，体积是 1 立方厘米；

棱长是 1 分米的正六面体，体积是 1 立方分米；

棱长是 1 米的正六面体，体积是 1 立方米。

1 立方米

1 立方分米

1 立方厘米

它们之间的换算关系为：

1 立方米 =1000 立方分米　　　1 立方分米 =0.001 立方米

1 立方分米 =1000 立方厘米　　　1 立方厘米 =0.000001 立方米

马小虎，你能计算出身后那座大楼的体积吗？

啊，这个……

体积的联想

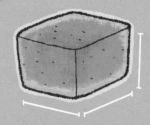  

方糖、电梯按钮、电脑键盘上的按钮等物体的体积也接近1立方厘米。

我们的手指尖，它的体积大约是1立方厘米。
相当于棱长为1厘米的一个正方的体积大小。

这是1立方分米。

棱长为1分米的正方体所占据空间的大小是1立方分米。再看看我们的手：握紧的拳头，长、宽、高大约都接近1分米，又比如教室讲台上的粉笔盒。与1立方分米体积相仿的物体还有闹钟、化妆盒等。

我们以此类推，还可以联想到棱长约 1 米的正方体体积就是约 1 立方米，常见的物体有洗衣机、电脑桌、冰柜、方形梳妆凳等。

　　使用体积联想法，可以让我们做到心中有数，对 **1 立方厘米、1 立方分米**和**1 立方米**有最初步的印象和感知。

这都是1立方米。

周长、面积和体积

由6个完全相同的正方形围成的立体图形叫作正方体，也叫立方体。它有6个面、12条棱和8个顶点。

四条边都相等、四个角都是直角的四边形叫作正方形。

平面图形和立体图形有什么不同之处呢？
它们所含平面的数量不同——

平面图形是存在于一个平面上的图形，而立体图形是由一个或多个平面形成的图形，各部分不在同一平面内，且不同的立体图形所包含的平面数量不同。

我都是"立体派"。

我都是"平面派"。

二者的性质不同——

平面图形是由不同的点组成的，而立体图形是由不同的平面图形构成的。由构成原理可知，**平面图形是构成立体图形的基础**。

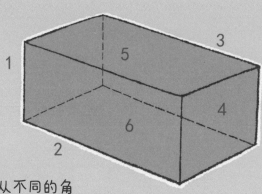

它们的观察角度不同——

平面图形只能从一个角度进行观察，而立体图形可从不同的角度进行观察，而且观察的结果很可能是不同的。

二者的属性不同——

平面图形具有长、宽等属性，没有高度，而立体图形具有长、宽、高的属性。

环绕有限面积的区域边缘的长度积分，叫作周长，也就是图形一周的长度。

当物体占据的空间是二维空间（平面）时，所占空间的大小叫作该物体的面积。面积用字母 S 表示。

沿着小花园走一圈，我就可以计算出它的周长是多少！

这个正方体的长、宽、高都是相同的！

体积与容积

体积和容积是一回事吗？

答案：当然不是！

意义不同——

体积是指物体外部所占空间的大小。容积是指容器（箱子、仓库、油桶等）的内部体积。

这是体积　　　　　　　　这是容积

测量方法不同——

计算物体的体积，要从物体外面去测量。计算容积或容量，由于容器有一定的厚度，要从容器的里面去测量。

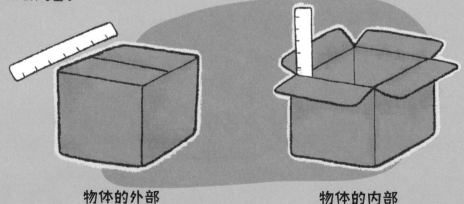

物体的外部　　　　　　　物体的内部

计算单位不同——

计算物体的体积，一定要用体积单位，常用的体积单位有：立方米、立方分米、立方厘米等。

计算容积一般用容积单位，如升、毫升，但有时候也可以与体积单位通用。

TIPS　2000 多年前的数学书——

《几何原本》是古希腊数学家欧几里得所著，被誉为欧洲数学的基础。书中总结了平面几何五大公设，被公认为历史上最成功的教科书。我国最先翻译这部巨著的是明代的徐光启。

地球的体积有多大

地球是太阳系八大行星之一，它是太阳系中直径、质量和密度最大的类地行星，距离太阳约 1.5 亿千米。

地球的体积是 1.0832073×10^{12} **立方千米**。它是太阳系中由内及外的第三颗行星。仅从数据上来看，如果一辆车子按照 5 米来算，那么，绕地球赤道的周长一圈就需要约 800 万辆车子首尾相连排起来。

地球是宇宙中人类已知的**唯一存在生命的天体**，包括人类在内，是上百万种生物赖以生存的家园。

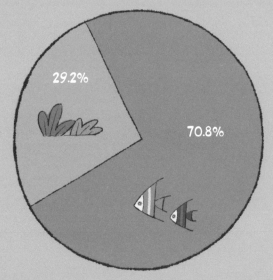

地球的形状是一个两极稍扁、赤道略鼓的不规则的椭球体。平均半径约为 6371 千米，赤道周长约为 40076 千米，表面积为 5.1 亿平方千米，表面约 29.2% 是由大陆和岛屿组成的陆地，剩余的 70.8% 被水覆盖。

地球自西向东自转，同时围绕太阳公转。地球起源于原始太阳星云，现在约 46 亿岁。它有一个天然卫星——月球，二者组成了一个天体系统——地月系统。46 亿年以前起源于原始太阳星云。地球内部有地核、地幔、地壳结构，地球外部有水圈、大气圈以及磁场。

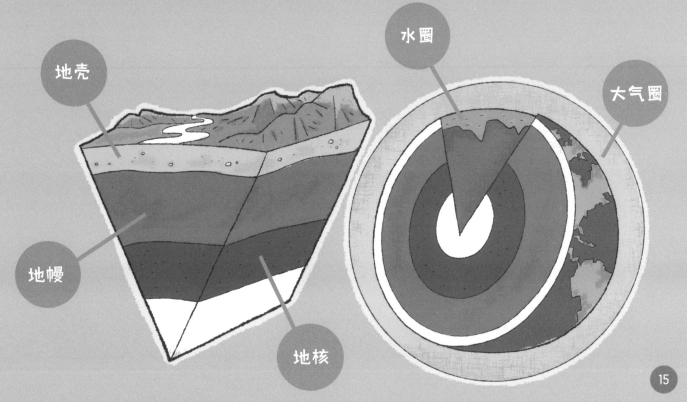

《九章算术》中的棋验法

《九章算术》是中国古代张苍、耿寿昌所撰写的一部数学专著。现今流传的大多是三国时期刘徽为《九章算术》所作的注本。此书内容十分丰富，系统地总结了中国从先秦到东汉时期的数学成就。全书分为方田、粟米、衰分、少广、商功、均输、盈不足、方程、勾股九个章节，并最早提到了分数问题。

刘徽是中国数学家之一。他的生平记载较少，据考证，他是山东邹平人。刘徽定义了若干数学概念，全面论证了《九章算术》的公式解法，提出了许多重要的思想、方法和命题，他在数学理论方面成绩斐然。

在书中，刘徽用"棋验法"推导比较复杂的几何体体积计算公式。所谓棋验法，"棋"是指基本几何体模型，即用基本几何体模型验证的方法。例如，长方体本身就是"棋"，斜解一个长方体，得两个两底面为直角三角形的直三棱柱（我国古代称为"堑堵"），这两个直三棱柱（即堑堵）的体积均为长方体体积的二分之一。

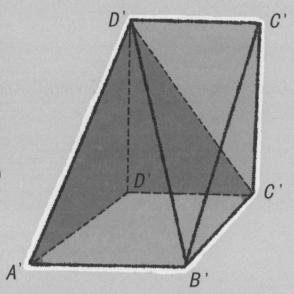

《九章算术》是几代人共同劳动的结晶，它的出现标志着中国古代数学体系的形成。后世的数学家大多是从《九章算术》开始学习和研究数学知识的。

唐宋两代，此书都由国家明令规定为教科书。1084 年，由当时的北宋朝廷进行刊刻，《九章算术》成为世界上最早的印刷本数学书。

体积的守恒

守恒定律是指： 在自然界中，某种物理量的值恒定不变的规律。

物体的体积遵循守恒定律吗？

答案：是的！**物体的体积不受外形、位置等因素的影响。**

利用积木做个实验，感知固体体积的守恒。

比一比可以知道，体积既没有变大也没有变小。

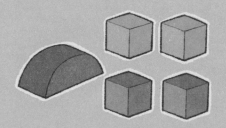

数数看，无论摆放的形式如何变化，它们的体积都是不会改变的。

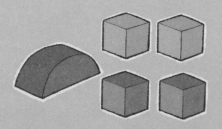

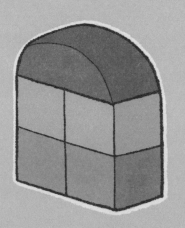

利用分水实验，感知液体体积的守恒：

当我们把两杯相同体积的水分别倒入形状不同的容器中时⋯⋯

　　我们会发现——水位的高低会不一样！水的多少不受装水容器外形的影响，虽然被盛在不同的容器中，但实际上水的总量并没有发生变化，它们还是一样多的。

棱柱两兄弟
—— 长方体和正方体的体积

看看身边的物体，行李箱、纸巾盒、床头柜、遥控器、火柴盒等，好像都有长方体。就连我们的房间也大概率是一个大大的长方体呢！

长方体又称矩体，是底面为长方形的直四棱柱（或上、下底面为长方形的直平行六面体）。它是由六个面组成的，相对面的面积相等，可能有两个面（可能四个面是长方形，也可能是六个面都是长方形）正方形。

如果想求出长方体的体积，可以运用公式：长方体的体积＝长 × 宽 × 高。我们将它的长、宽、高分别设为 a、b、c，则长方体的体积为：$V=abc$。

正方体属于长方体吗？

当然啦。

正方体是长、宽、高都相等的长方体。**是一种特殊的长方体。**

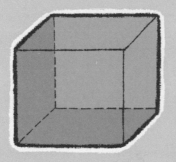

正六面体

用六个完全相同的正方形围成的立体图形叫正六面体，也称立方体或正方体。由于正六面体六个面全部相等，且均为正方形，所以，正六面体的体积＝棱长 × 棱长 × 棱长。如果设一个正方体的棱长为 a，则它的体积为：$V=a^3$。

长方体和正方体都属于棱柱的一种，所以棱柱的体积计算公式它们同样适用，即：体积＝底面积 × 高（$V=Sh$）。

精准测量、单位换算、公式运用是解决生活中这类问题的三个步骤！

胖胖的和瘦瘦的圆柱体
——圆柱的体积

逛超市的时候，是不是经常会被问到："这两款饮料，买哪一款更划算呢？"

（橙汁）桶装 1.5 升 价格是 7.5 元／桶

（橙汁）瓶装 500 毫升 价格是 5 元／瓶

容积单位升（L）和毫升（mL）与体积单位相同，它们常常被用于液体的计算。

它们之间是这样换算的：

1 升 =1000 立方厘米　　符号表示：1L=1000cm³

1 毫升 =1 立方厘米　　符号表示：1mL =1cm³

1 升 =1000 毫升　　　　符号表示：1L=1000mL

1 桶桶装橙汁和 3 瓶瓶装橙汁的量是一样多的，但价格上更便宜。所以买桶装橙汁更划算。

我们平时经常喝的各种易拉罐饮料全都是圆柱体的。

矿泉水瓶、保温杯、汽油桶也都是圆柱体的。

告诉你吧，求圆柱体的容积与体积公式相同，即底面积 × 高（$V=sh=\pi r^2 h$），其中：π 为圆周率，r 为圆柱体底面半径，h 为圆柱体的高。

为什么商家都会选择圆柱体作为容器呢？这是因为他们都希望能用最少的材料来装一定体积的液体，或者说用同样的材料，做成的容器的容积是最大的，所以大家都选择了用圆柱体作为盛放液体的容器。这样会更加节省材料，并便于加工成形和装箱。还有一点，圆柱形的饮料瓶握起来会更加牢固，传送的过程中也比较顺手。

值得一提的是，易拉罐因内装有碳酸饮料，根据冷缩热胀原理，处于不同环境下，由于温度不同，罐体会受到不同的压强。如果采用方形或三角形等形状制作罐身，都会产生受力不均、外观变形破损的现象。但由于圆柱形的各个部位受力是均衡的，所以这个问题就可以避免啦！

香甜的爆米花
——圆锥的体积

香甜的爆米花和甜滋滋的冰激凌甜筒是看电影的标配。

盛放爆米花的纸桶和冰激凌的甜筒都是标准的圆锥体。生活中还有很多圆锥体的物品，如漏斗、帽子、陀螺、铅笔头等。

圆锥有一个底面、一个侧面、一个顶点、一条高、无数条母线，且底面展开图为一个圆形，侧面展开图是一个扇形。

圆锥不是特殊的圆柱。

我们根据圆柱体积公式 $V=sh$（$V=\pi r^2 h$）可以得出，圆锥体积的计算公式为：$V=\dfrac{1}{3}sh$，其中 s 是圆柱的底面积，h 是圆柱的高，r 是圆柱的底面半径。

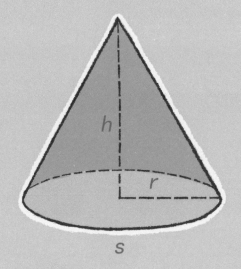

一个圆锥的体积等于与它等底等高的圆柱体积的 1/3。也就是说，等底、等高的圆柱的体积是圆锥的 3 倍。

球球的告白
——球的体积

有这样一则谜语，请你一起猜猜看：
说它小，它真小，像只皮球，真灵巧；
说它大，它真大，陆地、海洋全装下。
是……地球仪！

小小的地球仪、绿茵场上的足球、遥远的太阳和月球，它们有一个共同的名字——球体。
一个半圆绕直径所在直线旋转一周所形成的空间几何体叫作球体，简称球。

球体的体积计算公式：$V=\frac{4}{3}\pi r^3$，就是 $\frac{4}{3}$ × 圆周率 × 球体半径的三次方。

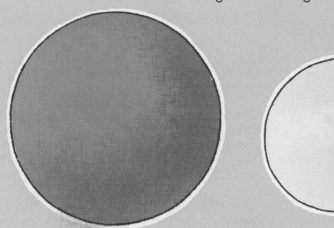

球是一种完全对称、容易滚动的几何体。它有无数条对称轴，每条都经过圆心。球的横截面是圆形。

伟大的祖暅原理
——父子数学家的故事

我国著名的数学家祖冲之和儿子祖暅一起圆满地利用"牟合方盖"解决了球体积的计算问题。

圆周率（π）的应用很广泛，尤其是在天文、历法方面，牵涉到圆的一切问题，都要使用圆周率来推算。如何正确地推求圆周率的数值，是世界数学史上的一个重要课题。

我是祖冲之。

　　祖冲之是南北朝时期杰出的数学家、天文学家。在刘徽开创的探索圆周率的精确方法的基础上，他首次将"圆周率"精算到小数点后第七位，即在 3.1415926 和 3.1415927 之间，祖冲之提出的"祖率"对数学的研究有重大贡献。直到 16 世纪，阿拉伯数学家阿尔·卡西才打破这一纪录。

由祖冲之撰写的《大明历》，是当时最科学、最进步的历法，为后世的天文研究提供了正确的方法。

祖暅（gèng）是祖冲之的儿子，他同父亲一起圆满地解决了球体积的计算问题，并据此提出了著名的"祖暅原理"。该原理在西方直到17世纪才由意大利数学家卡瓦列利发现，比祖暅足足晚了1100多年。

祖暅原理，又名等幂等积定理，内容是：夹在两个平行平面间的两个几何体，被平行于这两个平行平面的任何平面所截，如果截得两个截面的面积总相等，那么这两个几何体的体积相等。

古人对体积单位的称谓

"不为五斗米折腰"，是一则来源于历史故事的成语，它原指不会为了五斗米的官俸向权贵屈服，后比喻为人清高、有骨气，不为利禄所动。

我不为五斗米折腰。

其中的"斗"就是一个体积的计量单位，专门用来计量米、麦等固体颗粒物的体积。

除了斗，我国古代常用的体积计量单位还有**石、豆、斛、升、合**等。

石：古代的容量或者重量单位。十斗为一石，一百二十斤为一石，一斗为十升。

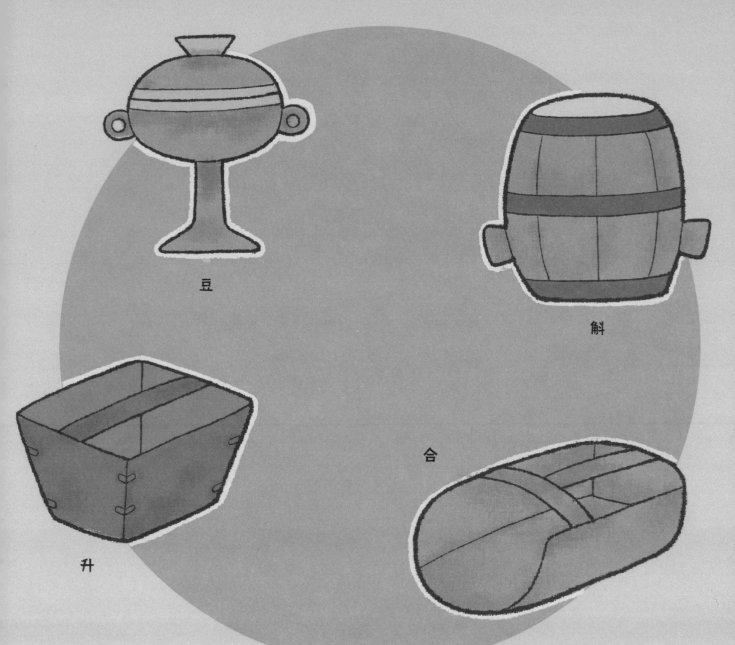

豆

斛

升

合

要知道，这些单位并不是同时出现在同一个历史时期的，它们都散落在历史的长河中，被历代劳动人民所使用。现在，一些农村的老人家还在口口传诵着这些古老的计量单位。

微小的体积单位

有比毫升更小的体积单位吗？当然还有。比如微升、纳升、皮升、飞升。

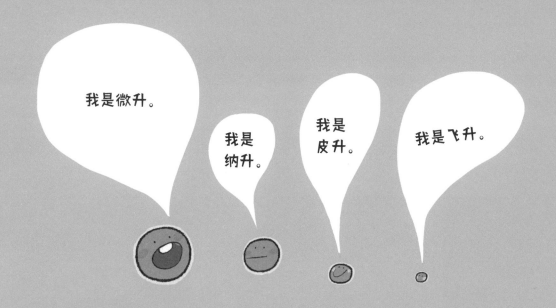

它们之间的换算关系为：

1 毫升 =1000 微升　　1 微升 =1000 纳升

1 纳升 =1000 皮升　　1 皮升 =1000 飞升

1 飞升等于 1 立方微米，它是血液检查里常用的一个单位。飞升是容积单位也是体积单位。超级小的它通常出现在实验报告中的各项数据里。

科学家在实验过程中如何取用这么小体积的溶液呢？

怎样保证它们刻度的精准性呢？

不愧是聪明的科学家。充满智慧的他们发明了一种特殊的工具——移液器。

移液器又称移液枪，是一种用于定量转移液体的器具。在进行分析测试方面的研究时，一般采用移液器移取少量或微量的液体。

移液器用于医学诊断、临床诊断、药学和化学实验、食品和环境监测等。

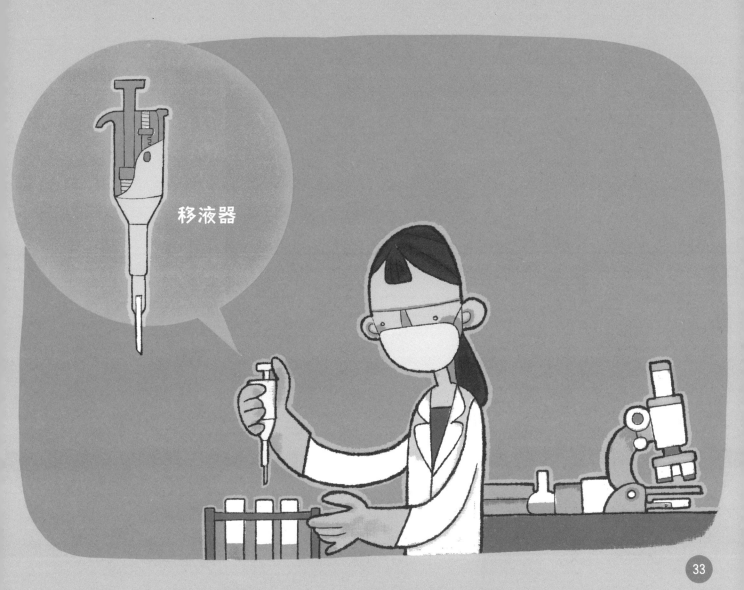

移液器

葡萄酒木桶上的神秘标记

容积标识

西方人喜欢喝葡萄酒、啤酒，在传统节日和婚礼宴请上更是开怀畅饮。如果你有机会走进传统的酒庄或是农场的酒窖，你会发现，一个个大大的橡木酒桶上专属的计量单位不是升，而是加仑。

加仑是一种容（体）积单位。

加仑又分为英制加仑和美制加仑，两者表示的大小也有所区别。

英制加仑是一种使用于英国等地的非正式标准化单位。英国已于 1995 年完成了到国际单位制的转换。

它们之间的换算关系为——
1 加仑（美制）≈ 3.8 升
1 加仑（英制）≈ 4.5 升

这其中有着一段鲜为人知的历史渊源：法国是葡萄酒的故乡，擅长酿酒的他们向世界各地出售着自己的各类酒品。法国商人在英国售卖时却遇到了难题，原来在运输和交易的过程中，英国人对卖方提出了苛刻的要求，即一桶酒的容量要不多不少刚好灌满六个瓶子。英制酒瓶的容量通常为 0.75 升，所以一桶酒就是 0.75 升 ×6=4.5 升 ≈ 1 加仑。

国际原油交易中特殊的计量单位——桶

我是德雷克。

OIL

国际原油交易以"桶"为单位。说起"桶"的来历，可谓充满传奇色彩。最初的桶是用于盛装威士忌酒的，近代石油发现者埃德温·德雷克于1859年在美国宾夕法尼亚州的泰特斯维尔油溪发现了第一口油井，将其命名为德雷克井。它的发现开创了用酒桶做容器装石油的先例。

原油计量所用的桶一般是指美桶，初期没有统一的标准规格，的确给买卖双方都造成了很大的困扰。盛装石油的木桶大的有50加仑，小的只有30加仑，以40加仑及42加仑为多。

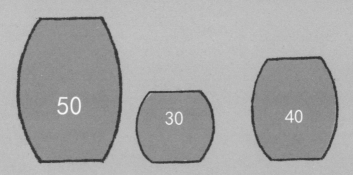

1870 年，美国石油大亨洛克菲勒成立标准石油公司时，大量使用家族自产的木桶，自立交货规格1 桶为42 加仑，而且把木桶统一喷成蓝色，以表示与其他厂家的区别。在以后的时间里，同行们都逐渐朝这一规格靠拢，即：42 加仑为1 桶。

1 桶油是 42 加仑

1 吨油约等于 7 桶

图书在版编目(CIP)数据

绕不开的计量单位.3,体积:地球有多大? / 韩明编著;马占奎绘.—— 北京:电子工业出版社,2024.1

(超级涨知识)

ISBN 978-7-121-46825-4

Ⅰ.①绕… Ⅱ.①韩…②马… Ⅲ.①计量单位–少儿读物 Ⅳ.①TB91-49

中国国家版本馆CIP数据核字(2023)第251668号

责任编辑: 季 萌
印   刷: 当纳利(广东)印务有限公司
装   订: 当纳利(广东)印务有限公司
出版发行: 电子工业出版社
         北京市海淀区万寿路173信箱 邮编: 100036
开   本: 889×1194 1/20 印张: 12.2 字数: 317.2千字
版   次: 2024年1月第1版
印   次: 2024年1月第1次印刷
定   价: 138.00元(全6册)

凡所购买电子工业出版社图书有缺损问题,请向购买书店调换。若书店售缺,请与本社发行部联系,联系及邮购电话: (010)88254888,88258888。

质量投诉请发邮件至zlts@phei.com.cn,盗版侵权举报请发邮件至dbqq@phei.com.cn。

本书咨询联系方式: (010)88254161转1860, jimeng@phei.com.cn。